侏罗纪世界
恐龙
DNA的秘密
[美] 玛丽莲 · 伊斯顿 著
贾 梅 译
青岛出版集团 | 青岛出版社
U0317530

图书在版编目(CIP)数据

侏罗纪世界. 恐龙DNA的秘密 /（美）玛丽莲・伊斯顿著；贾梅译. — 青岛：青岛出版社, 2022.5
ISBN 978-7-5552-2353-5

Ⅰ. ①侏… Ⅱ. ①玛… ②贾… Ⅲ. ①恐龙－儿童读物 Ⅳ. ①Q915.864-49

中国版本图书馆CIP数据核字（2021）第237327号

ZHULUOJI SHIJIE：KONGLONG DNA DE MIMI
书　　名　**侏罗纪世界：恐龙DNA的秘密**
作　　者　[美] 玛丽莲・伊斯顿
译　　者　贾　梅
出版发行　青岛出版社
社　　址　青岛市崂山区海尔路182号
本社网址　http://www.qdpub.com
邮购电话　18613853563　0532-68068091
策　　划　马克刚　贺　林
责任编辑　金　汶
特约编辑　顾　静
装帧设计　千　千
印　　刷　天津联城印刷有限公司
出版日期　2022年5月第1版　2023年8月第2次印刷
开　　本　20开（889mm×1194mm）
印　　张　2.5
字　　数　60千
书　　号　ISBN 978-7-5552-2353-5
定　　价　49.80元
编校印装质量、盗版监督服务电话　4006532017　0532-68068050

目 录

侏罗纪世界

恐龙
DNA的秘密

欢迎来到侏罗纪世界

人们很难想象数千万年前恐龙在地球上漫步时，世界是什么样子。然而，借助侏罗纪世界中的科技手段，游客们可以一窥这些强大生物的大致模样。

侏罗纪世界位于哥斯达黎加沿岸的努布拉岛，曾是一个风景如画的主题公园，公园中遍布震撼人心的恐龙景点。但是，在经历一次重大灾难之后，公园已经对公众关闭，恐龙在岛上的生活也不再受人们的控制。

现在努布拉岛上面临一场大规模的火山爆发。克莱尔、欧文及其团队的职责就是拯救这些恐龙，使它们免于再次灭绝。

◀ 公园开园第一年曾接待800多万游客。

▶ 沧龙喂食秀是公园中最受欢迎的一个节目。

◀ 在陀螺球车峡谷，游客可以近距离观察恐龙。

恐龙入门知识

恐龙吃什么？

恐龙这种不可思议的生物出现于2.37亿年前，灭绝于6600万年前。

这些动物体形各异，大小不一，一些比猫还小，一些则差不多有四头大象加起来那么大。恐龙曾是地球上体形最为庞大的生物。

不同恐龙有着不同的食性。例如：霸王龙是肉食性恐龙，三角龙是植食性恐龙，而似鸡龙是既吃肉又吃植物的杂食性恐龙。

虽然体形和食性各异，但是恐龙又有很多共性：有尾巴和四肢，是卵生动物，一般生活在陆地上。

◀ 图为一种植食性蜥脚类恐龙。我们可以看到它正在享用树梢处的叶子。

古生代（5.4亿年前~2.52亿年前）

出现爬行动物、昆虫和其他陆栖动物

中生代（2.52亿年前~6600万年前）

三叠纪（2.52亿年前~2.01亿年前）

出现恐龙

侏罗纪（2.01亿年前~1.45亿年前

庞大恐龙

侏罗纪世界大事年表

1984年

哈蒙德博士创办的国际基因科技公司成功克隆第一只史前生物。

1986年

国际基因科技公司成功克隆第一头恐龙——三角龙。

1988年

吴亨利博士被哈蒙德任命为首席遗传学家。

1993年

开业前的侏罗纪公园参观之旅遭遇横祸，公园未能开放。

1998年

马斯拉尼公司收购国际基因科技公司，计划在努布拉岛开启“侏罗纪世界”项目。

2005年

侏罗纪世界主题公园向公众开放。

2012年

吴亨利博士创造新型混种恐龙——暴虐霸王龙。

2015年

暴虐霸王龙和其他恐龙逃脱，给小岛造成巨大破坏，侏罗纪世界关闭。

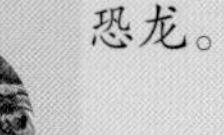

2018年

火山可能爆发，危及恐龙的生存；救援团队返回努布拉岛拯救恐龙。

恐龙遭遇了什么？

恐龙灭绝的原因至今仍是一个谜，不过科学家们认为可能有以下几方面原因：陨石撞击引起的气候变化；疾病；变化的植物群落；地质灾害，如火山爆发向空中喷发致命的火山灰和气体。

一种较为普遍的观点是，恐龙在一颗巨大的陨石撞击地球不久之后灭绝。这颗巨大的陨石落地时产生了强大的冲击力，使大量的尘土和碎片进入大气层并长时间地遮挡太阳光。没有阳光，植物就会死亡，紧接着便是以这些植物为食的植食性恐龙和以植食性恐龙为食的肉食性恐龙的灭绝。但是，关于灭绝发生的细节还有许多谜团等待科学家来解开。

白垩纪（1.45亿年前~6600万年前）

恐龙大规模灭绝

新生代（6600万年前至今）

大型陆地哺乳动物

什么是DNA？

你如何变成一个人、一头霸王龙或一朵花？这是由你的DNA决定的。DNA也被称为脱氧核糖核酸，是构成生命的基石。每个人的DNA都是独一无二的，就像指纹一样，只有同卵双胞胎才拥有几乎相同的DNA。

我们的身体由200多种不同的细胞组成。每一种细胞都各司其职。但是，这些细胞又怎么知道自己要做什么呢？细胞可以读取来自DNA的指令。这个过程就像编码或程序明确地告诉计算机具体要做什么。DNA存在于染色体上，染色体存在于人体几乎每个细胞。

DNA的某些部分决定了人的身高和眼睛的颜色等性状，这些DNA片段被称为基因。研究遗传过程的科学家就是遗传学家。他们会研究亲代的性状如何通过基因传递给子代。

DNA 双螺旋结构

通过显微镜观察DNA，你会发现其形状酷似一把扭曲的梯子。

谁的染色体数量更多？

人类拥有23对共46条染色体。犬类拥有39对染色体，远超过人类染色体的数量。你也许会认为这意味着犬类的DNA比人类的复杂，但事实并非如此。犬类拥有更多的染色体仅仅是因为它们的DNA与蛋白质组成染色体的方式不同。

1%的差异

1%的DNA差异造成的区别却是惊人的。人类和黑猩猩的DNA有99%的相似度，但我们大不相同。

侏罗纪世界中的DNA

侏罗纪世界中的遗传学家们试图克隆早已灭绝的恐龙，而克隆恐龙需要恐龙的DNA。但是，这种动物几千万年前就已灭绝，遗传学家们又是如何找到恐龙的DNA呢？

电影中的科学家们想出一个聪明的办法，利用世界上最令人厌烦的一种动物——蚊子！早在有恐龙的时候就有这种害虫。它们大肆吸食恐龙的血液，而血液就包含着恐龙的DNA。于是科研人员开始着手寻找石化的史前蚊子，最终他们成功发现了被包裹在琥珀（石化的树脂）中的蚊子。

遗传学家们小心翼翼地从蚊子体内提取恐龙血液，终于弄清了恐龙的DNA密码。但是，一些DNA片段缺失了，所以遗传学家们只能利用不同动物的DNA来弥补这些空白。

现在科学家们准备好制造恐龙宝宝了！

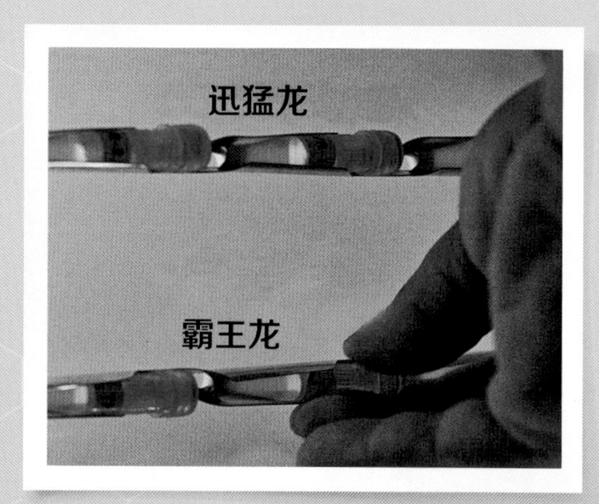

▶ 这些小瓶内装有恐龙DNA。

这块琥珀内有一只蚊子，蚊子体内存有恐龙DNA。▶

▶　“DNA先生”最早出现在《侏罗纪世界》电影的欢迎视频中，解释科学家们复活恐龙的过程。

◀　吴亨利博士是侏罗纪世界恐龙开发项目的关键人物。

◀　约翰·哈蒙德是侏罗纪公园的创始人，深深着迷于所发现的恐龙DNA，于是用一块琥珀来装饰他的手杖。这块琥珀内有一只完好的蚊子标本。

恐龙蛋

恐龙蛋的形状和尺寸各异。目前发现的最大恐龙蛋长约50厘米，比一个保龄球还大；而最小的恐龙蛋长不足2厘米，只有一粒纽扣大小。一些恐龙一窝能下超过20个蛋。

大多数古生物学家原以为恐龙蛋是白色的，然而近期在中国发现的窃蛋龙的蛋是蓝绿色的。古生物学家们认为这种蛋壳颜色可以保护恐龙蛋不被掠食者发现。

恐龙蛋非常罕见，可能是由于以下原因：恐龙出生时大部分恐龙蛋裂成了碎片；掠食者发现了恐龙蛋；恐龙蛋由于易碎而被毁坏。

我发现的是恐龙蛋吗？

人们发现的大多数“恐龙蛋”其实是河中的岩石，甚至是几百年前的蛇蛋。如果你认为自己发现了一颗恐龙蛋，首先应该查阅一下所在区域之前是否发现过恐龙。如果没有的话，那你手上的可能就不是恐龙蛋；如果有的话，你可以先联系当地的自然历史博物馆。

◀ 这颗在中国发现的巨大恐龙蛋被认为是一颗巨盗龙的蛋，是迄今为止发现的最大的恐龙蛋。

▲ 窝中的鸭嘴龙蛋

恐龙通常会把蛋埋在地下，有时也会把蛋产在露天的窝内。在窝旁发现的成年恐龙化石意味着恐龙的父母很有可能在守护这些蛋。为了保暖，恐龙父母会把树叶和其他植物放在窝的上面。因为大多数恐龙自身体重太大，所以它们无法像鸟类一样坐在窝里孵蛋。但是，古生物学家认为，一些恐龙，如伤齿龙，是坐着孵蛋的。

▶ 科学家们认为，一些恐龙，尤其是那些群居的恐龙可能会带着小恐龙一起上路。这是因为发现的成年恐龙和幼年恐龙的脚印化石是朝着同一方向的。

侏罗纪世界中的恐龙蛋

1986年，国际基因科技公司成功克隆出第一头恐龙。当时每个人都在猜想会孵化出来哪种恐龙，因为那时科学家们还无法辨别出从蚊子体内提取出来的是哪种恐龙的DNA。后来科学家们惊喜地发现第一头克隆恐龙是一头三角龙。之后，科学家们不断完善技术，创造出许多种类的恐龙，甚至还混合其他动物的DNA制造出一些与众不同的混种恐龙。

在侏罗纪世界中，恐龙蛋对制造新恐龙来说是必不可少的。不同于野外孵化出来的恐龙蛋，科学家们孵化的这些恐龙蛋可以免受掠食者的侵害，以及其他自然因素的影响，如温度的剧烈变化。

▶ 索纳岛距离侏罗纪世界所在的努布拉岛约90千米，代号为B区，用于克隆、孵化和培育恐龙。幼年恐龙被培育数月后，将被运送至努布拉岛。

▲ 在实验室中工作的吴亨利博士

◀ 盛放恐龙蛋的孵化器拥有恐龙发育的最佳条件。

◀ 侏罗纪公园的创始人哈蒙德博士喜欢每头恐龙破壳时都在场。他希望恐龙们把他当作妈妈。（科学上称为“印随行为”。）

▲ 别看现在这头迅猛龙（学名为伶盗龙）娇小可爱，它之后会长到3.9米。

恐龙宝宝

对于恐龙宝宝来说，外面的世界危险重重。事实上，近90%的恐龙宝宝在出生一年内会死亡。为了存活下来，它们需要做好捕食和照顾自己的准备。肉食性恐龙破壳时就已具备一整副牙齿。有些恐龙，如奔山龙，一出生就会跑了。

一些恐龙生长发育很快，这同样是有益的，比如鸭嘴龙类出生仅仅一个半月体形就可翻倍。

◀ 迅猛龙布鲁刚出生时的体形如同一只公鸡。

▲ 训练期间，小恐龙布鲁对欧文表现出同理心和同情心，两者开始建立互信关系。欧文记录下这些时刻。

▲ 剑龙妈妈和剑龙宝宝的温馨时刻

恐龙牙齿

正如恐龙体形的差异，恐龙牙齿的形状和尺寸也形形色色。恐龙种类不同，其牙齿数量也各不相同：鸭嘴龙的牙齿数量最多，达960颗；三角龙有近800颗牙齿；迅猛龙有约30颗牙齿；恐龙牙齿数量最少时是零。没错，一些恐龙（如泥潭龙）成年后没有牙齿！成年泥潭龙没有牙齿意味着它们是植食性恐龙。它们使用喙的方式同今天的鸟类相似。其他植食性恐龙的牙齿善于撕裂、聚拢或啃食植物。为了帮助消化，一些恐龙还会咽下石头以帮助研磨胃中的食物。

肉食性恐龙拥有锋利的牙齿，可以紧紧咬住猎物。霸王龙的牙齿最大，每一颗都大如香蕉，利如匕首。

霸王龙的上下颌非常强健，可以咬碎石头。▼

▲霸王龙的牙齿

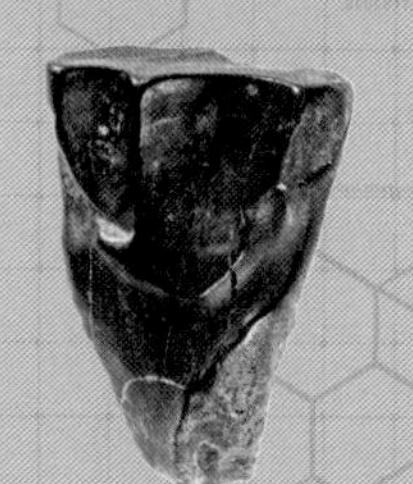

▲三角龙的牙齿

▲棘龙的牙齿

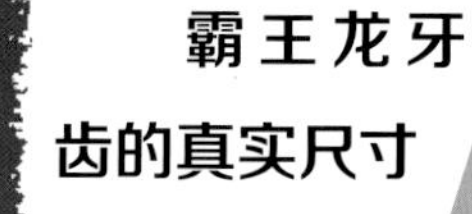

霸王龙牙齿的真实尺寸

没有牙齿的恐龙

无齿翼龙同现在的鸟类一样，喙内没有牙齿。事实上，它名字的意思就是“无齿的翼”。无齿翼龙是一种会飞行的爬行动物，并不是恐龙。当无齿翼龙在空中翱翔时，恐龙还在地面上漫步。

最早的无齿翼龙化石发现于1876年。

恐龙蛋真相：无齿翼龙蛋和一些蛇蛋相似，都是革质软壳。

粪便化石

恐龙牙齿可以告诉我们它们吃了什么，但是恐龙粪便可以告诉我们更多信息。石化的恐龙粪便，即粪便化石，里面含有动植物碎片，包括骨头、牙齿、昆虫及其他食物残渣。

▶ 这头恐龙试图吞下陀螺球车，但它不懂“贪多嚼不烂”的道理。

◀ 迅猛龙布鲁非常凶猛，所以要给它戴上嘴套以防训练师被咬。

▼ 暴虐霸王龙的吼叫威力巨大，与之匹配的是其致命的咬合力。

霸王龙（学名为暴龙）

- **名字含义：**暴君恐龙
- **科：**暴龙科
- **生存时期：**白垩纪晚期
- **发现区域：**美国和加拿大
- **日常食物：**肉类

霸王龙是最有名也是最可怕的恐龙之一，但它也有鲜为人知的一面，即奇怪的饮食习惯。霸王龙会同类相残。它们不咀嚼食物，而是直接吞下。霸王龙的牙齿不是用来咀嚼、磨碎食物的，而是用来咬紧并撕碎猎物以防其逃脱。类似现今的鳄鱼，霸王龙会把食物抛向空中，然后囫囵吞下。

霸王龙的牙齿呈锯齿状，粗大如香蕉，很少有猎物能从它口中逃脱出来。霸王龙能打赢大部分对手，主要还是因为它每天需要吃掉100～200千克的食物才能维持生命。（饿了必然会拼命。）

▶ 想象一下鳄鱼的咬合力：霸王龙强大的咬合力高出鳄鱼10倍有余。

▲ 霸王龙的前肢看起来虽短小，但能举起约200千克的重物。

恐龙蛋真相：迄今为止没有发现霸王龙的蛋。

◀ 人类有28~32颗牙齿，霸王龙有约50颗牙齿。

侏罗纪世界中，霸王龙园区是最受欢迎的景点，这可能是因为人们喜欢看现场喂食表演。霸王龙的一个改良特征是它基于物体运动的视力，使它成为更凶残的掠食者。

◀ 欧文壮着胆子靠近霸王龙，要抽取霸王龙的血液，以拯救迅猛龙布鲁。

▶ 对战暴虐霸王龙后，这头霸王龙的身上留下了胜利的伤痕。

▶ 霸王龙霸气一吼，似乎在宣布它对努布拉岛的统治。

食肉牛龙

▶ 正是因头上的尖角像牛角，它才被命名为“食肉牛龙”。

▶ **名字含义**：食肉的牛
▶ **科**：阿贝力龙科
▶ **生存时期**：白垩纪晚期
▶ **发现区域**：阿根廷
▶ **日常食物**：肉类

迄今为止，世界上仅发现一具食肉牛龙的化石，但是这具化石向我们揭示了大量关于食肉牛龙的信息。在化石的挖掘过程中，古生物学家们发现了皮肤痕迹。标本显示食肉牛龙拥有凹凸不平的鳞状皮肤。

食肉牛龙是白垩纪时期凶猛的掠食者。它用可怕的牙齿来攻击猎物，不过它依然不是霸王龙的对手。霸王龙的牙齿比它的牙齿大将近8倍。

▶ 你认为霸王龙的前肢短小？食肉牛龙的前肢甚至更加短小。

▶ 食肉牛龙体长约6.5米，体重可达1吨。

◀ 食肉牛龙的眼睛朝向前方，可能拥有非常好的深度知觉（判断眼前事物的距离及空间位置关系的能力）和双眼视觉。

据观察，在侏罗纪世界中，食肉牛龙的吼叫持续而低沉，类似于短吻鳄的叫声。在攻击猎物前，食肉牛龙会估算猎物的大小。

▶ 食肉牛龙对欧文紧追不放。旁边的陀螺球车内坐着克莱尔和富兰克林。

◀ 食肉牛龙后肢肌肉发达，奔跑速度特别快。

▲ 正当欧文认为自己必死于食肉牛龙的攻击时，霸王龙杀死了食肉牛龙，证明它才是更强悍的恐龙。

重爪龙

- **名字含义**：沉重的爪子
- **科**：棘龙科
- **生存时期**：白垩纪早期
- **发现区域**：英国和西班牙
- **日常食物**：鱼类和其他恐龙幼崽儿

重爪龙化石最早发现于20世纪80年代早期。重爪龙依靠双足行走，用爪子把光滑的鱼抓出水面。重爪龙拥有约100颗类似于鳄鱼的圆锥形牙齿。因为重爪龙有这么多牙齿，所以很少有鱼能从它口中逃脱。但是，这种像鳄鱼的恐龙可不仅仅吃鱼。有块化石显示，重爪龙的胃里有恐龙幼崽儿的部分残骸。

▶ **重爪龙的牙齿数量大约是霸王龙的两倍。**

▶ **重爪龙最长的爪子长约30厘米，便于捕鱼。**

因为重爪龙不像霸王龙那么有名，所以侏罗纪世界中的科学家们需要对其外表稍加修改，使其看起来更可怕，对游客更具吸引力。

◀ 从鼻子到尾巴，重爪龙的体长可达10米，大约是今天大型鳄鱼体长的两倍。

▶ 侏罗纪世界中，重爪龙在公园下面的管道中“安家”。

◀ 克莱尔和富兰克林在重爪龙的“新家”遇到它时感到非常惊恐。

剑 龙

- ▶ **名字含义**: 背着屋顶的恐龙
- ▶ **科**: 剑龙科
- ▶ **生存时期**: 侏罗纪晚期
- ▶ **发现区域**: 美国、葡萄牙和马达加斯加
- ▶ **日常食物**: 植物

这种庞大的植食性恐龙体长达9.1米，嘴里长有小牙，主要以树叶为食。但是，真正使剑龙从一众恐龙中脱颖而出的是它独特的骨板。科学家们还不太确定这些骨板的作用。一些科学家认为这些骨板可以用来调节体温或者相互识别。

▶ 剑龙的背上分布着17块板状的骨头。

▼ 剑龙的尾部长有尖刺，称为尾刺。一些石化的尾刺尖端是断的，因此科学家们认为尾刺是用来抵御掠食者的。

骨板造成的困惑

剑龙最容易辨认的特征就是它的骨板。但是，古生物学家们最初发现剑龙时，并没有意识到背部的骨板是竖立的。相反，他们推断骨板是平铺着的。造成这一困惑的原因是这些骨板是单独发现的，而不是与剑龙骨架一同发现的。这就是剑龙得名“背着屋顶的恐龙”的由来。

为了吸引游客，侏罗纪世界中的科学家们把剑龙的骨板变得更大。据观察，剑龙脾气暴躁，但它不喜欢打斗，而是喜欢独处。

◀ 如果牙齿脱落，剑龙会长出新牙。

▲ 要囚禁一头剑龙，那肯定需要非常大的笼子。

▲ 剑龙与其他植食性恐龙一起生活在陀螺球车峡谷中。

恐龙的大脑

直到2004年，人们才在英国萨塞克斯郡发现首例恐龙大脑化石。我们对恐龙智商的了解大多依据其头骨的大小。科学家们把恐龙大脑与现代动物相比，推断出恐龙至少和鳄鱼一样聪明。

测定智商并不是研究恐龙大脑的唯一原因。通过研究霸王龙的头骨，研究人员判断出霸王龙大脑中负责嗅觉的区域比其他区域要大。科学家们由此得出结论：霸王龙的嗅觉有可能和警犬的嗅觉一样敏锐。

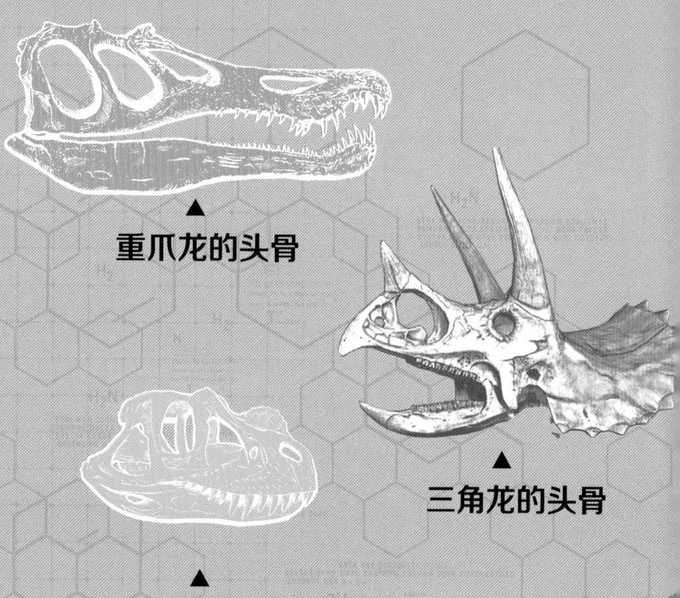

▲ 重爪龙的头骨

▲ 三角龙的头骨

▲ 食肉牛龙的头骨

▼ 剑龙是世界上脑容量最小的恐龙之一，其脑容量只有核桃般大小。一些科学家认为，在剑龙的尾部还有一个大脑，然而这一观点后来被证实是错误的。

▶ 同其他掠食者相比，霸王龙的脑容量相对较大。

对于游客来说，聪明的恐龙比那些智力平平的恐龙观赏起来更有趣味。侏罗纪世界中的科学家们创造新恐龙时会牢记这一点。为了让游客持续关注恐龙，遗传学家们会改变某些恐龙（如迅猛龙）的DNA。迅猛龙从幼年起开始接受训练，可以对“抬头”“跑”等指令做出回应。布鲁还是个恐龙幼崽儿时，它就对训练师欧文表现出同情心。

▲ 分离数年后，与布鲁再次相遇时，欧文相信布鲁会想起他，不会攻击他。

迅猛龙
（学名为伶盗龙）

- ▶ **名字含义：**迅捷的掠夺者
- ▶ **科：**驰龙科
- ▶ **生存时期：**白垩纪晚期
- ▶ **发现区域：**中国和蒙古
- ▶ **日常食物：**肉类

1923年，迅猛龙被首次发现于蒙古。迅猛龙是一种小型肉食性恐龙，体重和一只大海狸差不多。史前迅猛龙的体形是侏罗纪世界中迅猛龙的一半。迅猛龙体表覆有羽毛，但是它不会飞。

科学家们通过仔细研究迅猛龙的巩膜环，也就是头骨中眼球的所在位置，确定迅猛龙是在夜间捕食的。研究表明，夜间活动的动物，其巩膜环孔洞大，可以吸收尽可能多的光线。

▲ 迅猛龙极为锋利的爪子可以刺入猎物体内。

恐龙蛋真相：迅猛龙最初被认为是巢寄生的恐龙，会把蛋下在其他恐龙窝里让它们帮忙照料。然而，1994年的科学发现洗刷了这一“污名”。

侏罗纪世界中的科学家们确信迅猛龙具有真正的明星潜质，因此对迅猛龙的DNA做了一些调整。这些调整包括去除羽毛、增大体形和提高智商。

▶ 迅猛龙的高智商使欧文可以驯服这些恐龙。

◀ 侏罗纪世界中，迅猛龙表现出具有夜间捕食模式。

◀ 迅猛龙的骨骼中空，类似于鸟类的骨骼。

▶ 值得注意的是，侏罗纪世界中，由于具有共同的基因，迅猛龙和暴虐霸王龙可以相互交流。

中国角龙

- **名字含义：** 中国的有角面孔
- **科：** 角龙科
- **生存时期：** 白垩纪晚期
- **发现区域：** 中国
- **日常食物：** 植物

2010年，中国角龙被首次发现于中国。为了查明更多相关信息，古生物学家们一直在研究这一发现较晚的恐龙。中国角龙可能通过群体活动抵御掠食者的进攻，就像现在的群居动物鹿一样。

中国角龙、三角龙及厚鼻龙同属一科。在发现中国角龙之前，人们认为角龙科恐龙只生活在北美洲。中国角龙的发现改变了这一看法。

研究人员可以确定中国角龙的体重和犀牛差不多，脑容量相对较小。

▶ **类似于犀牛，中国角龙有一个鼻角，可用于打斗。**

◀ 中国角龙头盾边缘的褶皱上有很多尖角，这使它能从一众恐龙中脱颖而出。

▲ 就在火山爆发前，陀螺球车峡谷中的中国角龙还在吃东西。

▲ 侏罗纪世界中，火山喷发时，中国角龙和其他恐龙一起蜂拥而逃。

甲龙

- **名字含义:** 骨片愈合的恐龙
- **科:** 甲龙科
- **生存时期:** 白垩纪晚期
- **发现区域:** 美国和加拿大
- **日常食物:** 植物

甲龙的体重和一只成年雄性河马差不多。它每天要吃掉大量的植物。甲龙独有的特征是身披“铠甲”，这些“铠甲”由皮内成骨构成。犰狳和鳄鱼也有这种骨骼与皮肤融合所形成的“铠甲”。甲龙也许很有名，但是甲龙化石很罕见。目前仅有3起关于甲龙化石的重大发现。

▲ 甲龙的尾部末端有一个结实的尾锤，是一个强有力的武器。

▲ 甲龙最大的弱点是，一旦翻倒就毫无防御能力。

恐龙蛋真相：一些恐龙可能会坐在蛋上给蛋保温，但是甲龙不会，因为它会把蛋压碎。

棘龙

- **名字含义：**有棘的恐龙
- **科：**棘龙科
- **生存时期：**白垩纪晚期
- **发现区域：**北非
- **日常食物：**大型鱼类和小型恐龙

棘龙体长约14米，身高近5.6米。这种会游泳的恐龙是最大的肉食性恐龙，甚至比霸王龙还大，体重也比霸王龙重。

1944年二战期间，当时保存最好的棘龙骨架在一次轰炸中被毁坏了。幸运的是，后来人们在摩洛哥发现了一副棘龙骨架。

◀ **一些科学家认为，棘龙的背帆可能用来警告其他恐龙远离自己。**

侏罗纪世界

在索纳岛上可以听到棘龙的嘶吼声，以及棘龙用尾部拍水与同类交流的声音。

▼ **棘龙足部有蹼，便于它在水下游动。**

冥河龙

▼ 冥河龙颅顶后部的尖刺会随年龄而变化，幼年时较长，成年后变短。

- **名字含义**：来自冥河的恶魔
- **科**：厚头龙科
- **生存时期**：白垩纪晚期
- **发现区域**：美国
- **日常食物**：植物

冥河龙出生时没有犄角，随着时间推移长出了犄角。古生物学家们还不确定这些犄角的用途，但是这些犄角使冥河龙看起来更大、更危险。冥河龙的体重和一头狮子差不多，有厚实的头骨，靠双腿行走。

▲ 这种恐龙的牙齿和喙状嘴适合吃植物。

侏罗纪世界

什么东西会比“呆萌”的恐龙更好玩儿？答案是能用头撞墙而过的“呆萌”恐龙！反正侏罗纪世界中的科学家们是这样想的。为了使冥河龙的头骨更加厚重，科学家们对它的基因做了一些改造。对此，克莱尔和欧文应心怀感激，因为冥河龙“小冥”用头撞穿墙壁，帮助他们逃了出来。

似鸡龙

▶ **名字含义**：鸡的模仿者

▶ **科**：似鸟龙科

▶ **生存时期**：白垩纪晚期

▶ **发现区域**：蒙古

▶ **日常食物**：植物和小型动物

似鸡龙是白垩纪晚期一种体形较小的恐龙，体重仅相当于一匹马的重量。似鸡龙依靠双腿奔跑，嘴中没有牙齿。古生物学家们已发现了幼体、亚成体和大型成体似鸡龙的化石。似鸡龙的食物范围广，不仅吃植物，还吃小动物，是一种杂食恐龙。

◀ 似鸡龙的奔跑速度和现在的鸵鸟一样快。

◀ 似鸡龙长长的颈部和鸵鸟的颈部相似。（电影中的似鸡龙多了牙齿。）

▶ 从头到脚，似鸡龙的身高可达2米。

重组DNA技术

20世纪50年代，科学家们首次发现了DNA。但是，直到1973年，基因工程才诞生。基因工程又叫重组DNA技术。听起来像科幻电影，但实际上早在《侏罗纪》系列电影拍摄之前，基因工程就已经发展很多年了。

杂交水果

你喜欢李子吗？那杏呢？如果这两种你都喜欢，那你也许会喜欢杂交杏李——一种李子和杏的杂交品种。但是，这一品种并未经过基因改造，而是果农通过给李子和杏异花授粉，经过几年时间培育的杂交杏树。果农并未改造这两种水果的任何细胞。

最有名的绵羊

一只名为多莉的绵羊是世界上第一只克隆羊。1996年，它在英国一个实验室中被创造出来。

木瓜的麻烦

20世纪90年代早期，一种病毒摧毁了美国夏威夷近一半的木瓜树。对于靠木瓜谋生的果农来说，这是极为严重的。科学家们意识到，必须找出解决问题的办法，因此对木瓜进行了基因改造，使其免受病毒的侵害。

夜光猫

水母体内有一种基因可以使它们在黑暗中发光。科学家们把这种基因植入猫的体内，使其也可以在黑暗中发光。不过，这些猫今后可不能在夜里四处潜行了。（看起来还是有点儿吓人的。）

放屁

科学家们正在研究是否可以对奶牛进行基因改造，以便让奶牛少放屁。不过，难闻的气味并不是进行试验的原因。牛打嗝和放屁会释放甲烷，从而加剧全球变暖。

混种恐龙

侏罗纪世界有来自世界各地90多个国家的稳定游客量。恐龙DNA的细微改变就可以产生新的恐龙，让游客十分兴奋。但是，开园几年后，参观人数开始下降，公园不得不做出一些大的改变。

为了吸引游客重返公园，侏罗纪世界需要一些令人震撼的恐龙，因此吴亨利博士和他的科研团队开始调整恐龙DNA，以便创造全新的恐龙品种——混种恐龙。

▶ 吴亨利博士是侏罗纪世界中混种恐龙项目的负责人。吴亨利博士认为，基因重组不是一项精确的科学，而是反复试验和不断试错的过程——主要是试错。

▼ 暴虐迅猛龙模型

◀ 这是吴亨利博士的实验室一角。第一头混种恐龙就是在此诞生的。

▶ 吴亨利博士说："基因改造后的动物是无法预测的。"欧文对吴亨利这样的科学家们破坏自然规则、制造新的恐龙品种感到担忧。

暴虐霸王龙

基础资料

- **名字含义:** 狂暴之王
- **科:** 混种科
- **发现区域:** 努布拉岛
- **日常食物:** 肉类

如果把霸王龙、巨兽龙、食肉牛龙、迅猛龙等恐龙的DNA以及一些现代动物的DNA混合在一起,会发生什么?你会得到一头暴虐霸王龙。暴虐霸王龙是吴亨利博士创造的最危险的生物之一。

基础基因组:霸王龙

其他DNA

为了帮助暴虐霸王龙适应热带气候,科学家们给它加入了树蛙的DNA。但是,树蛙也有其他令人惊讶的特征。树蛙的皮肤不会产生可以被热探测器吸收的辐射,而暴虐霸王龙也遗传了这一特征。这意味着它可以躲开热量探测。事实证明,加入树蛙DNA是一个致命的失误。

为了帮助暴虐霸王龙快速长大,科学家们还给它加入了乌贼的基因。当科学家们意识到因为乌贼的色素细胞可以改变肤色,所以暴虐霸王龙也可以伪装自己时,他们再次感到措手不及。

▶ 暴虐霸王龙可以用爪子爬到约12米的高度。

▼　成年后，暴虐霸王龙的体长约为15米，体形比霸王龙还大。

▶　在与迅猛龙布鲁和霸王龙打斗一番之后，暴虐霸王龙死于沧龙之口。

◀　欧文站在暴虐霸王龙留下的爪痕前。（太恐怖了！）

▶　是不是不容易在这幅图里认出暴虐霸王龙？那是因为它正在用树叶伪装自己。（不过，它一点儿也不可爱。）

暴虐迅猛龙

基础资料

- **名字含义:** 狂暴的窃贼
- **科:** 混种科
- **发现区域:** 努布拉岛
- **日常食物:** 肉类

暴虐迅猛龙是吴亨利博士创造的最危险的混种恐龙。暴虐迅猛龙遗传了暴虐霸王龙所有危险基因和大量的迅猛龙DNA。这一终极掠食者全身深黑,在夜间几乎是隐身的。

最危险的是暴虐迅猛龙的高智商。它的智商和基因改造后的迅猛龙相当。被猎手注射镇静剂后,暴虐迅猛龙先是狡猾地装睡,待猎手进入笼子后,又突然袭击猎手。这种极高的智商是吴亨利博士等科学家在其他恐龙身上前所未见的。

▼ 像蝙蝠一样,暴虐迅猛龙利用回声定位寻找猎物。

▲ 虽然暴虐迅猛龙可以被追踪,但人们需要使用大量的镇静剂才能减缓这头肉食性恐龙的速度。暴虐迅猛龙体重约1吨,体长约7.3米,处于侏罗纪世界食物链的顶端。

恐龙蛋真相:暴虐迅猛龙无法下蛋,是人类创造的唯一一头雄性恐龙。

▲ 售卖暴虐迅猛龙这样的混种恐龙可以大赚一笔。

▶ 深黑的肤色可以使暴虐迅猛龙轻易隐藏在阴影中。

▲ 由于暴虐迅猛龙和迅猛龙布鲁有许多相同的特性，在最终对抗中，两者的智商旗鼓相当。

动物保护

恐龙消失于6600万年前，而努布拉岛的火山爆发毁灭了大部分侏罗纪世界中的恐龙。现在还有许多其他动物正濒临灭绝。你可以通过以下方式帮助这些动物：了解它们，并和家人朋友分享这些信息；举办义卖活动，为濒危物种保护组织筹集资金；鼓励家人对物品进行回收利用，减少环境污染和垃圾填埋——垃圾填埋会破坏动物的栖息地。

恐龙保护组织

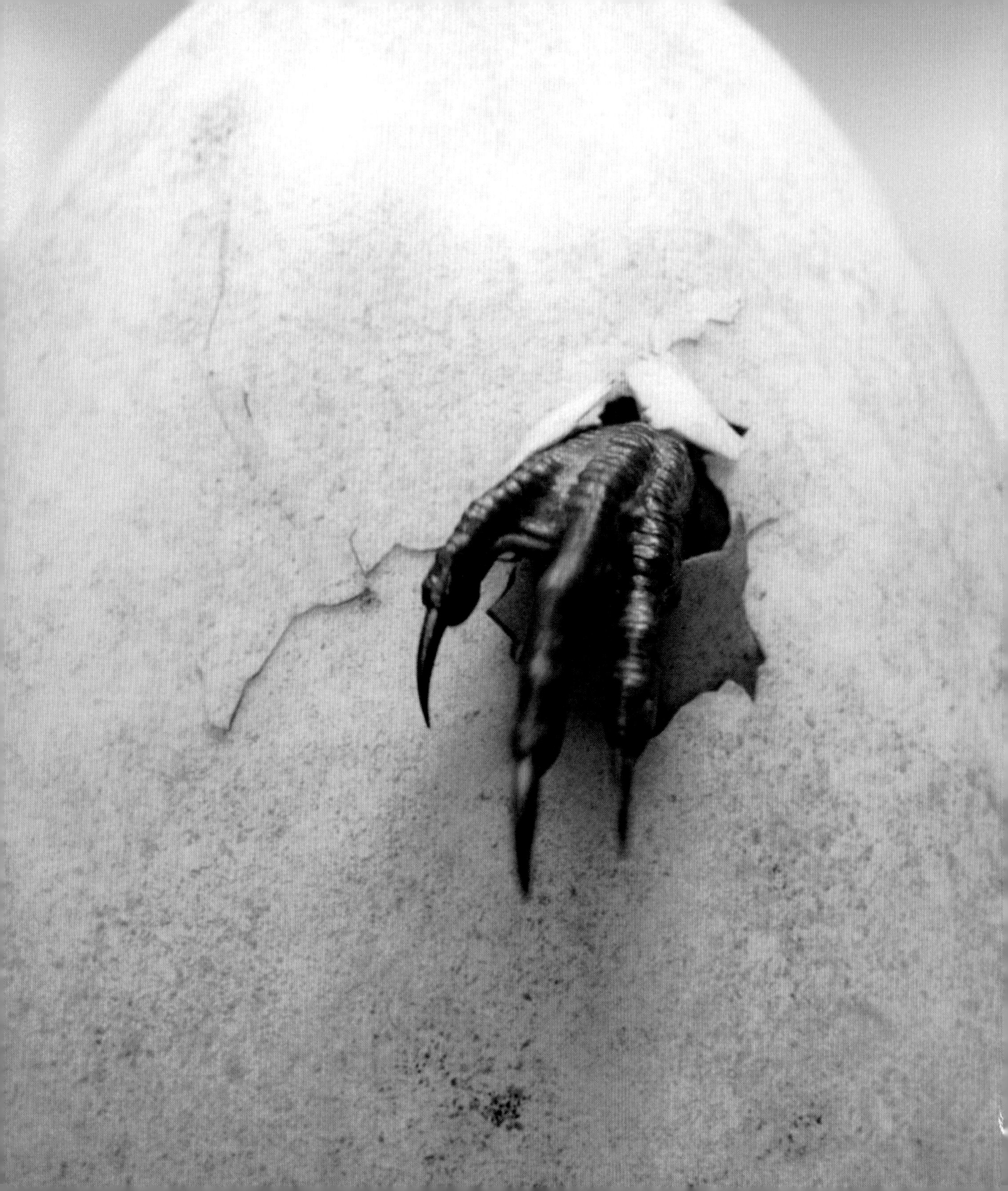